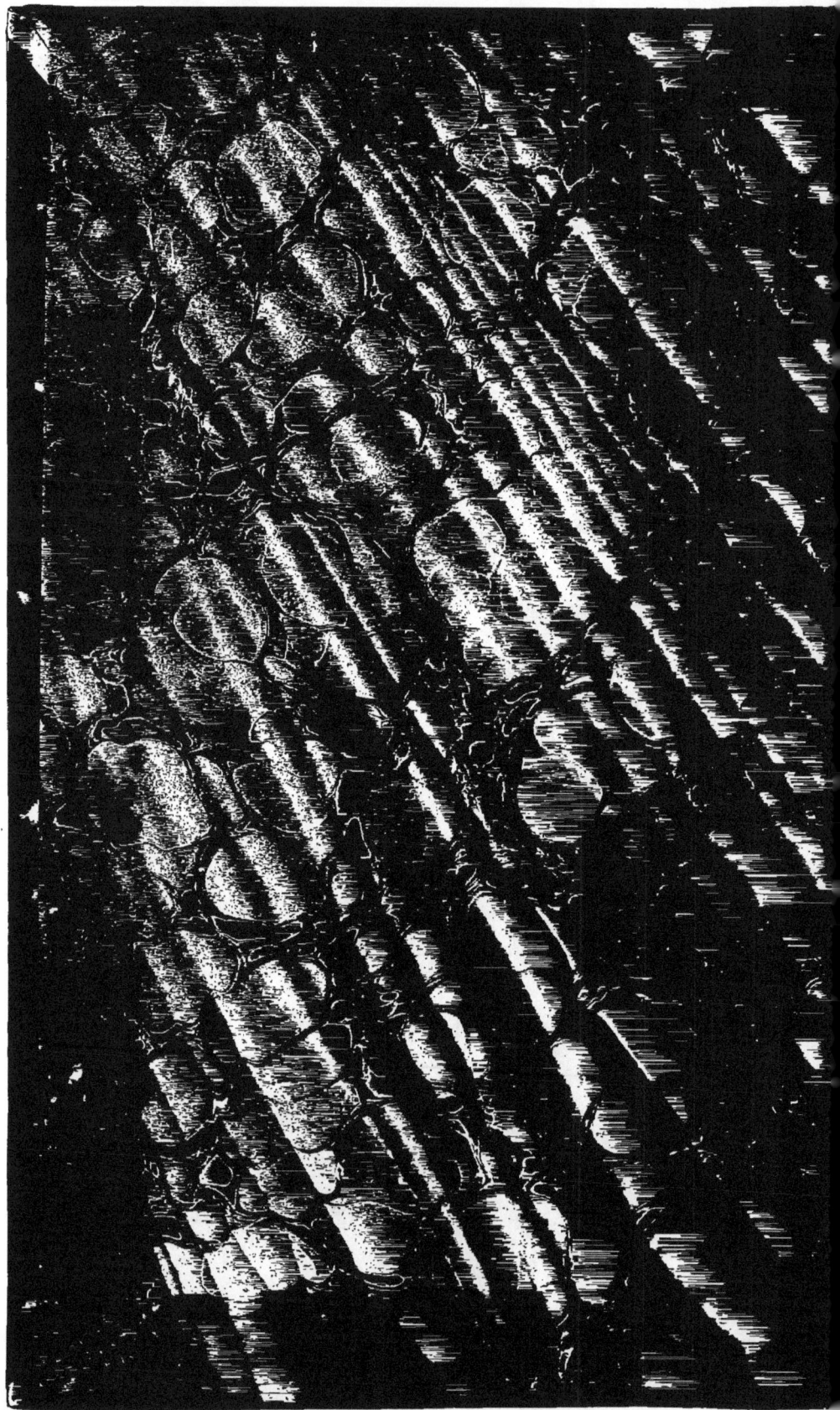

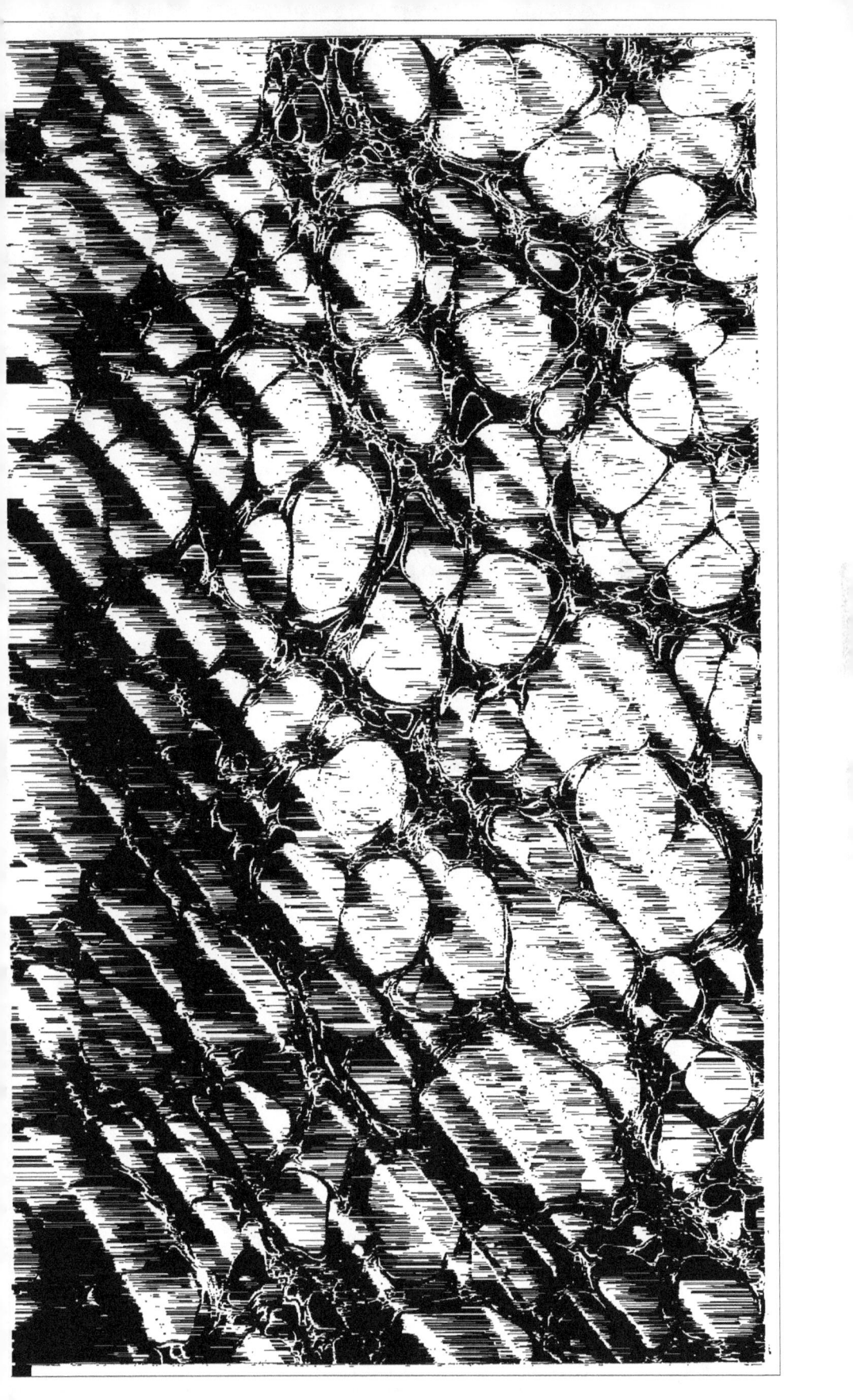

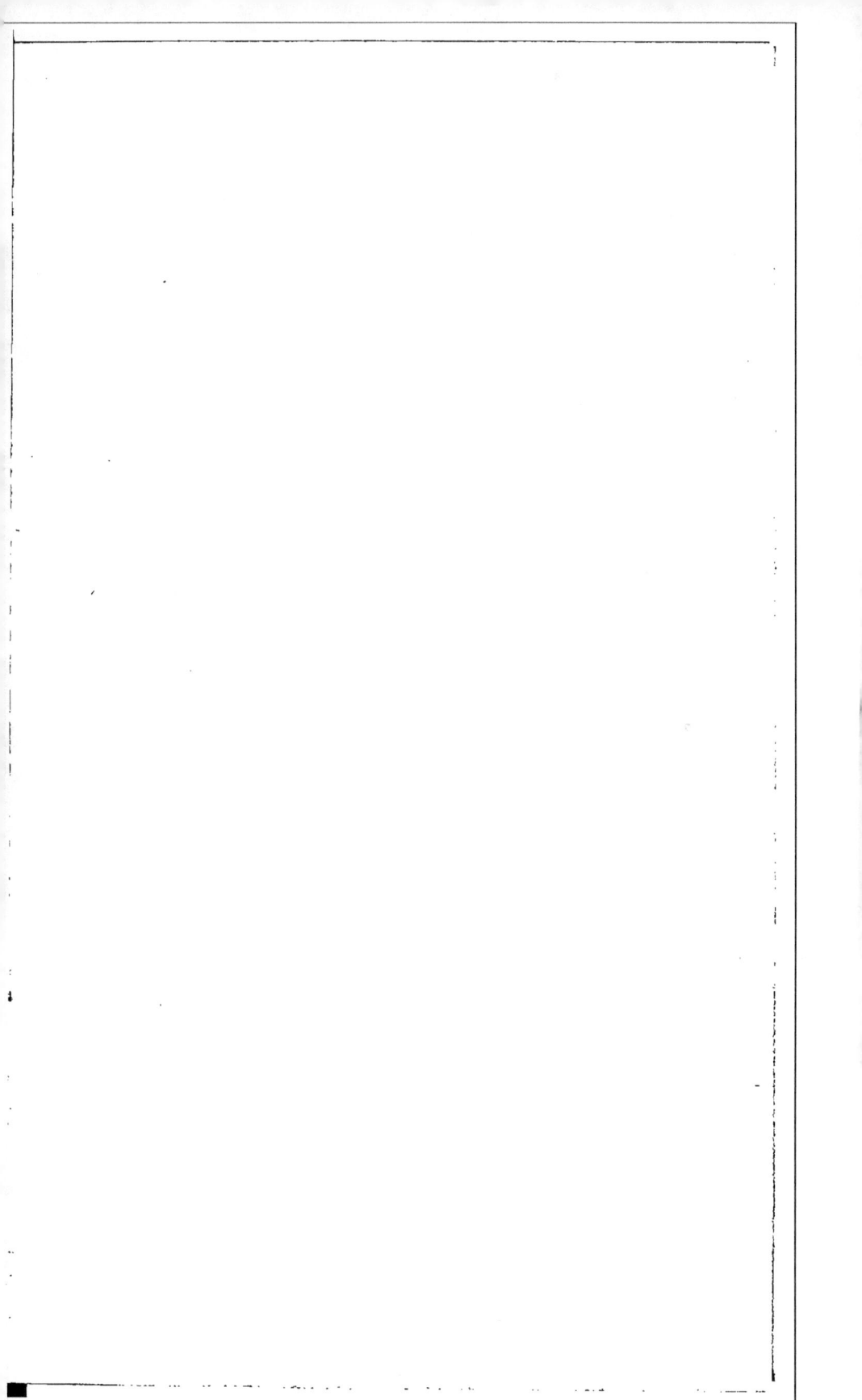

LETTRES

D'ANTOINE DAVID

SUR

LES OLIVIERS.

———

NOUVELLE ÉDITION.

AVEC DES NOTES DE M. FEISSAT aîné;

L'UN DES RÉDACTEURS DES ANNALES PROVENÇALES D'AGRICULTURE.

MARSEILLE,

Feissat aîné, Imprimeur - Libraire,
rue de la Canebière, n° 19.

1832.

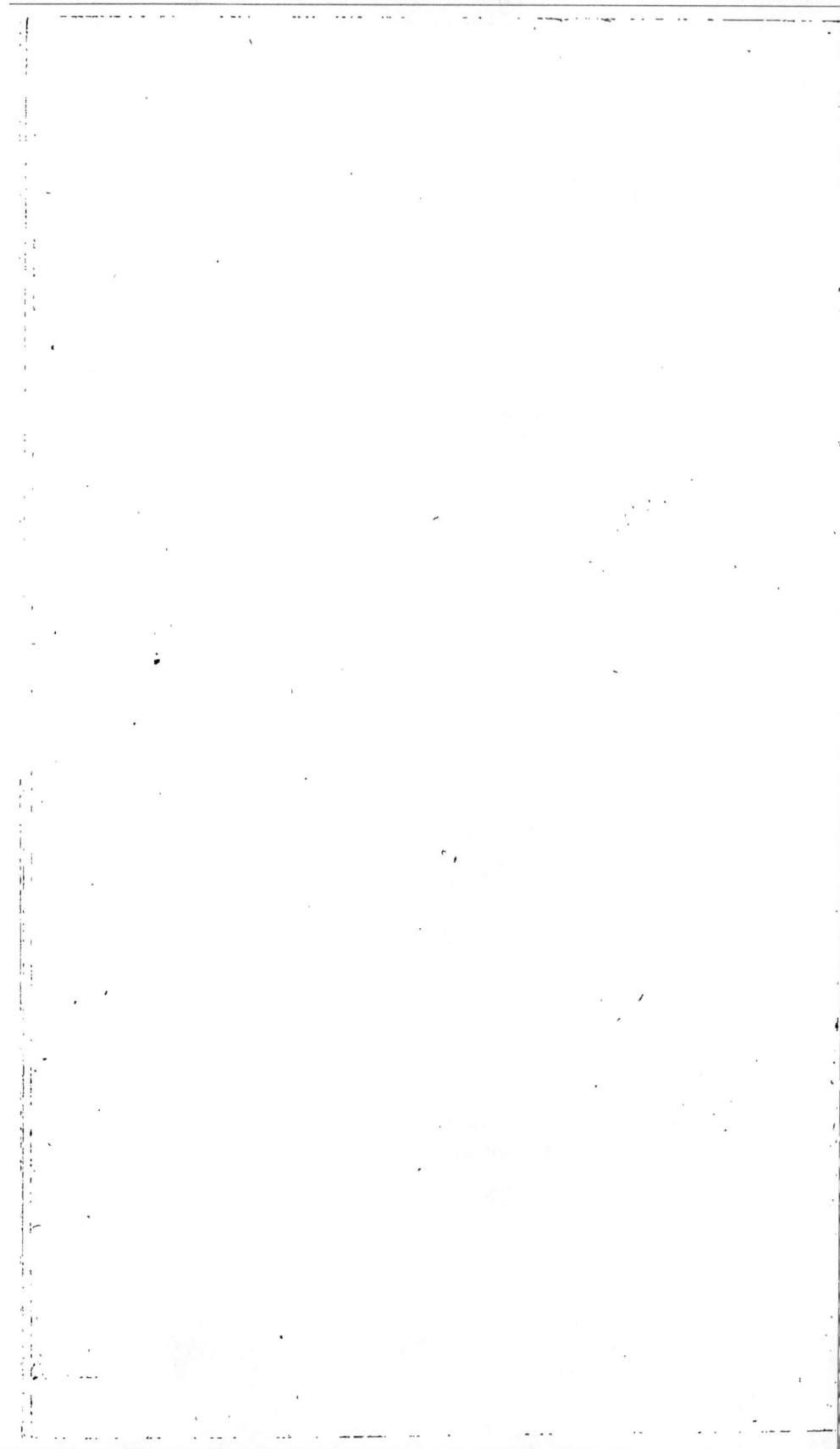

PREMIÈRE LETTRE (1)

Ecrite à M. B. le 23 décembre 1762.

MONSIEUR,

Vous m'avez demandé, par votre lettre, des instructions sur la culture des oliviers.

Cette demande a de quoi embarrasser, attendu que personne ne s'est encore avisé de donner

---

(1) Les deux Lettres de A. David, d'Aix, sur les oliviers, malgré l'ancienneté de leurs dates, sont encore recherchées par les agronomes. C'est l'ouvrage le plus concis, le plus clair et le plus exact que nous aient légué les anciens écrivains provençaux. Ces lettres étant devenues très-rares, nous avons pensé que c'était rendre un véritable service à l'agriculture que de les reproduire, en les accompagnant de notes qui contiendraient ce que la pratique et l'expérience nous ont appris depuis l'époque à laquelle A. David écrivait. Ce sera en même temps un hommage et un tribut d'estime rendus à l'homme éclairé qui, le premier, porta le flambeau de l'observation dans la culture d'un arbre aussi précieux, et traça la route des améliorations dont elle était susceptible.

une méthode fixe et certaine pour la culture de cet arbre ; chaque propriétaire le gouverne conformément à ses idées et suivant ses facultés (2).

Nous avons vu introduire dans notre terroir, il y a quelque temps, une taille extraordinaire qui avait été presque généralement adoptée, et qui a porté des coups meurtriers à un nombre infini d'oliviers, qui exposent encore aux yeux des passans les blessures qu'ils ont reçues depuis une quinzaine d'années, par le rabattement général de leur sommité, et le retranchement inconsidéré de plusieurs de leurs grosses branches : les suites fâcheuses de cette taille ont déterminé les propriétaires à la pros-

---

(2) Malgré l'accroissement de nos connaissances sur les moyens de hâter et de conserver la fécondité de l'olivier, nous manquons encore d'une méthode fixe et certaine de cultiver cet arbre, si on entend par là une méthode qui s'applique à toutes les espèces et variétés, à tous les climats, et même à toutes les expositions du même climat. Mais nous avons des principes certains d'assurer sa prospérité, en les modifiant suivant les localités, le terrain, l'exposition, etc., et ces modifications seront toujours un obstacle invincible à l'adoption d'une règle fixe et commune aux diverses contrées où croît l'olivier. Sans les froids rigoureux qui trop souvent viennent les frapper de mort, nos olivettes feraient l'admiration de l'étranger comme elles seraient l'espoir du propriétaire et du cultivateur.

Nous développerons ces principes dans les notes subséquentes au fur et à mesure que l'occasion se présentera.

crire , et on s'est réduit au simple élaguement (3).

Vous jugez par ce seul trait que le gouvernement de cet arbre a varié , et qu'il est exposé à devenir la victime de la mode , par
le défaut d'une méthode qui fixe l'incertitude
où l'on est encore sur la manière convenable de
le cultiver (4).

Les Traités d'Agriculture ont parlé très-briè-

---

(3) Soit qu'on plantât les oliviers trop près les uns des autres,
soit que depuis la fatale époque de 1709, les oliviers eussent considé-
rablement grossis , malgré les atteintes partielles de 1745 et de 1748,
il paraît qu'à l'époque dont parle David les oliviers étaient beaucoup rapprochés. Ne pouvant plus étendre leurs branches latérales , ils croissaient en hauteur et ne produisaient plus de fruits
que vers le sommet. La cueillette était très-difficile et les récoltes
peu abondantes. La raison indiquait de diminuer le nombre des
arbres ; on ne voulut en sacrifier aucun et tous furent impi-
toyablement mutilés ; on les *couronna* , et les larges blessures
occasionées par le retranchement de leurs grosses branches
affaiblirent les sujets au point que pendant plusieurs années leur
végétation fut triste et presque sans produit.

L'épreuve était trop cruelle pour en perdre le souvenir. On
renonça à cette taille meurtrière , qui fut dès-lors remplacée
par un simple élagage. C'est le mode le plus convenable , ainsi
que nous le verrons plus tard.

(4) C'est encore aujourd'hui comme en 1762. La mode exerce
son empire sur la culture des champs comme dans les salons
dorés du riche. D'où vient cela ? Dans tous les pays, quelques
propriétaires ont , à tort ou à raison , la réputation d'être de
très-bons cultivateurs. La foule attentive à leurs opérations se
hâte de les imiter , et la propagation est presque générale avant

vement des oliviers , et ils sont d'un faible se-
cours pour nous diriger dans leur culture. Je
me trouve par là réduit à vous tracer une méthode fondée sur mes expériences et sur l'usage
du pays , que je modifie dans certains cas , et
dont je m'écarte dans d'autres (5).

La culture des oliviers , ainsi que des autres
arbres fruitiers, est réduite à trois objets : la
plantation , la taille et le gouvernement ; je

---

qu'on ait pu apprécier le mérite de l'innovation. C'est ainsi ,
par exemple , que les prairies artificielles sont très-répandues
dans les cantons où le chef de file a eu l'heureuse idée d'en
ensemencer ses terres , tandis qu'elles sont presque inconnues là
où ce même chef de file est un homme encroûté qui ne veut pas
sortir de la routine

L'instruction qui commence à se répandre dans nos campagnes
sera le meilleur préservatif contre ce désir irréfléchi d'imitation,
qui produit le bien ou le mal suivant l'inspiration bonne ou mauvaise de celui qui exécute le premier. Jusque là ceux qui ne
sont pas en état de juger d'avance le plus ou moins d'avantages
qui doivent résulter de l'essai tenté , feront bien de s'abstenir et
d'attendre que le succès les autorise à le répéter sans mé-
compte.

Cette dernière observation s'applique principalement aux petits
propriétaires qui ont besoin de compter avec eux-mêmes. Les
autres , nous les engageons au contraire à tenter des essais. Ce
sont les riches qui doivent savoir faire des sacrifices dans la vue
d'améliorer le sort des classes pauvres , en leur ouvrant de nouveaux moyens de travail et de fortune.

(5) Nous ne manquons pas aujourd'hui de Traités , Mémoires, etc.
sur l'olivier et sa culture. Nous en donnerons la nomenclature à

tâcherai de les discuter succinctement et par ordre. Si je ne satisfais pas entièrement votre curiosité , j'aurai au moins l'avantage de vous avoir donné une preuve de mon attachement.

DE LA PLANTATION.

La mortalité presque générale des oliviers arrivée en 1709, nous a fourni le moyen de multiplier les plantations par le nombre de rejetons que chaque souche repoussa : ces rejetons ayant acquis une grosseur suffisante pour être transplantés , on en a formé des vergers nouveaux dans des terres qui n'en étaient pas complantées (6) ; mais ces rejetons surnuméraires deviennent de jour en jour plus rares , et si de temps en temps de fortes gelées ne faisaient pas périr des oliviers situés dans des bas-fonds , on aurait de la peine à en trouver. On doit regarder ces événemens comme un arrangement

---

la fin de ces Lettres , pour la satisfaction des personnes qui voudraient les consulter ; mais quel que soit l'auteur qu'on préfère et qu'on suive , rappelons-nous qu'il n'a pu donner que des préceptes généraux , modifiables selon les lieux , etc. etc. , et que le meilleur ne doit être suivi qu'avec réserve ; c'est à l'intelligence du propriétaire à en tirer des applications justes , en les modifiant dans certains cas et en s'en écartant dans d'autres.

(6) Il en a été de même après la mortalité de 1820.

de la providence, qui nous a dispensé jusqu'aujourd'hui d'en faire des pépinières.

Les oliviers peuvent être multipliés par boutures, et par des parties d'anciennes souches éclatées avec quelque instrument tranchant, lesquelles on dispose par rayons, dans une terre propre à faire une pépinière, et préparée à cet effet ; il leur faut environ six ans avant qu'ils soient en état d'être transplantés (7).

Les rejetons produits par les souches des anciens oliviers ont acquis dans six ans une grosseur convenable, et ils réussissent parfaitement lorsqu'ils sont transplantés suivant les règles ; on les a vus souvent donner du fruit à la troisième année (8).

Les trous pour les plantations d'oliviers doivent être faits en novembre, afin que les pluies de l'hiver portent l'humidité plus profondément dans le trou et aux environs, et que les gelées divisant la terre, la rendent plus friable. Ils doi-

---

(7) La multiplication de l'olivier par les fragmens de sa racine, connus sous le nom de souchets, est celle qui présente le plus d'avantages. *Voy.* à ce sujet l'excellent Mémoire de M. Michel, d'Aix, inséré dans nos *Annales*, tom. IV, pag. 100.

(8) Après la transplantation.

vent avoir au moins cinq pans en carré, et deux pans et demi de profondeur (9).

La distance qu'on met entre les oliviers est subordonnée à la forme qu'on donne à la plantation. Si on ne plante que sur une ligne autour d'une propriété de terre, on peut faire les trous à trois cannes l'un de l'autre ; ils doivent au moins en avoir six lorsqu'on plante en quinconce (10).

---

(9) On fera mieux d'en donner trois.

(10) Les plantations d'oliviers en cordons ou dans la vigne n'ont lieu que dans les petites propriétés où l'on veut avoir un peu de tout. Dieu nous garde de blâmer ce goût des propriétaires, et de chercher à leur enlever une de leurs plus douces jouissances ; mais nous nous sommes si souvent prononcé en faveur de la séparation des cultures, qu'il devient inutile de dire que nous n'approuvons pas cette méthode de planter.

En ce qui touche la distance à laisser entre chaque arbre dans les vergers, l'unique règle à suivre est d'apprécier la circonférence que développera l'olivier parvenu à toute sa croissance, en y ajoutant deux pans en sus pour la libre circulation de l'air. Cette appréciation variera suivant la nature du terrain et suivant l'espèce ou variété qu'on plantera. C'est par cette raison que nous nous abstenons de limiter la distance, et encore parce que si, comme nous l'avons dit dans la note 3, il y a inconvénient grave à ne pas espacer suffisamment les arbres, il y en aurait également à les éloigner plus qu'il ne faut. M. Pailheiret, de Tretz, qui s'adonne à la culture de l'olivier avec un soin particulier, a observé que les vergers un peu serrés étaient moins sensibles au froid, et il a conservé par ce moyen des oliviers intacts, tandis qu'ils périssaient dans les champs de ses voisins. Il est même

On arrache les rejetons d'oliviers vers la fin du mois de mars, ou au commencement du mois d'avril : si on les tire de loin, il est essentiel de les garantir de la sécheresse dans le transport, et on ne doit pas différer de les mettre en-terre d'abord après les avoir reçus.

On choisit par préférence les rejetons dont l'écorce est unie et luisante ; ils doivent être environ de la grosseur du poignet ; ils sont plus tôt formés que ceux qu'on planterait plus petits : on en coupe les branches un peu au-dessous de leur naissance. En les arrachant on emporte avec eux une partie de la souche sur laquelle ils se trouvent placés : la grosseur de cette portion de souche ne peut pas être dé-terminée ; elle dépend de la situation éloignée ou trop voisine du rejeton qui reste à demeure ; elle doit avoir au moins un pan de diamètre, et autant d'épaisseur que la souche.

On pare proprement, et on équarrit avec

---

arrivé chez lui que la partie extérieure des arbres qui bordent le verger était seule frappée par la gelée, tandis que la partie intérieure de ces mêmes arbres ne souffrait pas, et à plus forte raison les arbres tout-à-fait intérieurs.

Aussi plante-t-il à vingt pans seulement de distance lorsqu'il forme un verger nouveau ; sauf à arracher une rangée lorsque les branches commencent à s'entrelacer et à faire une autre plan-tation avec les pieds supprimés.

une hache la partie de la souche qui doit porter à plat sur le terrain, afin qu'elle puisse se tenir perpendiculairement, autant que la souche peut le permettre.

Avant de planter on jette dans le fond du trou un demi-pan de terre prise dans la superficie du chaume voisin, on place ensuite le plant, et on couvre la souche avec de la même terre, qu'on a grande attention d'introduire avec la main dans tous les endroits creux de cette souche : on plombe le terrain légèrement avec le pied, et on remplit le trou jusqu'à un demi-pan près (11), afin que les pluies du printemps péné-

---

(11) Arrêtons-nous un moment sur cette opération très-importante.

David veut que le trou soit creusé à deux pans et demi de profondeur, qu'on jette dans le fond du trou demi-pan de terre sur laquelle on place le plant : d'où il suit que le plant sera enterré à deux pans de profondeur. Cette prescription n'est plus applicable aujourd'hui qu'aux boutures. Pour les plants enracinés dont il est ici question, il faut s'en écarter complètement. Nous ne répéterons pas ce que nous avons dit dans notre article *Plantations*, au tome Ier, pag. 321 des *Annales d'Agriculture*; mais nous dirons que si pendant long-temps on a cru qu'il fallait vingt ans pour que l'olivier fût en rapport, c'est à cette manière vicieuse de le planter qu'on doit l'attribuer. Les racines de l'arbre qu'on replante enfouies à une si grande profondeur, y périssent, parce qu'elles y sont étouffées sous une trop grande masse de terre qui ferme tout accès aux influences atmosphériques. L'arbre est obligé de se créer lentement et péniblement de nouvelles racines, de telle sorte qu'au lieu de la croissance

trent plus librement jusqu'au fond du trou ; on couvre la tête de l'arbre avec de l'argile humectée, en forme d'emplâtre.

Il est à observer que cette plantation doit se faire par un temps sec, et qu'on doit différer de planter lorsque le terrain est trop humide ; on achève de remplir le trou à la fin de mai et avant les chaleurs ; cette dernière opération qui achève le remplissage, tend à garantir le plan contre la sécheresse de l'été (12).

Il ne faut point mettre du fumier dans les

---

rapide d'un plant enraciné, on n'obtient plus que le développement imparfait d'une bouture.

Il en est de l'olivier comme des autres arbres. Il faut que le collet soit au niveau de la surface du sol, ou, en d'autres termes, qu'il ne soit pas plus enfoncé dans la terre qu'il ne l'était lorsqu'on l'a déplanté.

On objecterait vainement que, placé plus profondément, il résisterait mieux au froid. Le froid ne frappe jamais de mort les racines, même celles qui sont à découvert. Il tue bien plus facilement un arbre malingre qu'un arbre fort et vigoureux, à moins qu'un changement subit de température ne le surprenne au moment où la sève est en pleine activité.

(12) En plaçant le collet à niveau du sol, on ne peut pas suivre cette indication ; mais on obtient les mêmes avantages en exhaussant un peu la terre au pied de l'arbre. L'eau pénètre facilement une terre fraîchement remuée. Si elle est surabondante, elle coule contre les parois du trou qui, plus élevées, la retiennent et augmentent la provision d'humidité que la sécheresse de l'été rend si souvent nécessaire dans nos contrées.

trous en plantant les oliviers (13) : on les plante dans le mois d'avril, les chaleurs, et souvent la sécheresse de la saison prochaine leur sont très-nuisibles ; on en voit même quelquefois dont les bourgeons naissans dessèchent dans le mois d'août ; le fumier ne servirait alors qu'à augmenter le degré de chaleur, et à accélérer leur dépérissement (14).

On ne doit donner du fumier aux oliviers qu'à la fin de l'automne, et lorsque leur première pousse annonce que les racines commencent à se former autour de la souche.

---

(13) Au lieu de fumier, au moment de la plantation, après avoir jeté un demi-pan de terre au fond du trou, on forme un lit d'un pan d'épaisseur avec des plantes ou arbustes d'une décomposition lente, soit pour prévenir les effets de la sécheresse en facilitant l'absorption intérieure des eaux pluviales, soit pour faire arriver à une plus grande profondeur les influences salutaires de l'atmosphère, soit enfin pour préparer à la végétation un élément actif au moyen d'un véritable terreau que les racines atteindront plus tard lorsque l'olivier aura pris un certain accroissement.

(14) Il n'est pas rare, même dans une plantation sans fumier, de voir dépérir des sujets par l'effet prolongé d'une forte sécheresse ; le propriétaire ne doit pas hésiter à faire la dépense d'un arrosement aux premiers symptômes de leur dépérissement. Une cornue d'eau à chaque pied leur redonnera de la vigueur, et c'est tout au plus s'il est obligé de recourir deux fois dans le courant de l'été à cet arrosement artificiel. En supposant que chaque cornue d'eau coûte 15 centimes, quel est le propriétaire qui ne les donnerait pas pour assurer le succès de la plantation ?

Dans le mois d'août on fait la visite du plant, on éclate avec les doigts, ou même avec la serpette, tous les bourgeons qui ont poussé le long du pied, et on laisse subsister généralement tous ceux qui ont poussé à la sommité, sans en supprimer aucun.

On ne doit point encore ébourgeonner la tête de ce jeune plant ; l'olivier recouvre très-lentement, on interromprait et même on arrêterait le cours de la sève si on le déchargeait si tôt des bourgeons surnuméraires dans cette partie ; ces bourgeons sont autant de suçoirs qui attirent la sève, et qui opèrent le recouvrement de la coupe de l'arbre ; leur retranchement, bien loin d'être profitable aux bourgeons qu'on destinerait à former la tête de l'arbre, leur serait très-nuisible par la diminution de l'action, et par le dessèchement qui en est une suite dans cette saison.

Au commencement du mois de septembre, et immédiatement après une pluie, s'il est possible, on doit donner à l'arbre nouvellement planté un premier labour fort léger ; à la fin de l'automne on répand du fumier autour de l'arbre, et on lui donne un second labour profond (15).

---

(15) Ce second labour profond était indispensable, lorsqu'on plantait à deux pans de profondeur. Avec le collet à fleur de

Dans le mois de mai suivant on supprime tous (16) les bourgeons surnuméraires, et on ne laisse subsister que ceux qui paraissent le plus propres à former la tête de l'arbre ; on les laisse pousser librement sans les tailler, et on donne tout de suite un labour léger. A la fin du mois d'août autre labour léger, et à la fin de l'automne même fumier et même labour qu'à pareil temps de l'année précédente (17).

Dans le mois de mai de l'année suivante, on retranche encore les branches qu'on peut avoir laissé de trop pour former la tête de l'arbre, et on commence à lui donner la première taille.

Ces branches étant ordinairement réduites à trois ou quatre, on les élague en dedans sans rien toucher au dehors ; on les ravale toutes

---

terre un pareil labour est plus dangereux que nécessaire. On doit se borner à de simples binages autour de l'arbre et descendre un peu plus bas avec la pioche à mesure qu'on s'en éloigne, afin que les racines s'étendent plus aisément.

(16) Une partie seulement, les plus faibles et les plus mal placés.

(7) Règle générale, le fumier ne doit pas être appliqué sur les racines. On le met dans une tranchée qu'on ouvre à une distance plus ou moins grande (demi-pan à un pan) de l'endroit où elles finissent, suivant la quantité et la nature du fumier qu'on emploie.

à la même hauteur , et auprès d'une fourche, autant qu'il est possible.

La taille des années suivantes sera proportionnée à la force des branches et à leur position. On y procédera ainsi qu'il sera dit ci-après à l'égard des arbres déjà formés.

DE LA TAILLE.

Dans la plantation d'un arbre , on préjuge l'avenir , et on n'agit que par supposition : les racines poussent souvent par un côté opposé à celui sur lequel on les attendait , et la maîtresse racine qu'on aura disposée avec beaucoup de précaution , sera peut-être celle qui aura le moins de part à la reprise de l'arbre.

La nature opère alors seule et dans le secret ; nous avons vu plusieurs fois un plant choisi avec attention , et placé suivant les règles de l'art , ne donner que de faibles signes de vie, et périr enfin après avoir langui quelques années ; tandis que nous voyons avec étonnement dans des terres stériles et aux environs des rochers des arbres s'établir , et y devenir , pour ainsi dire , monstrueux.

La taille, au contraire, est l'effet de la réflexion et des observations ; elle force la nature à céder à la volonté de l'homme ; elle la contraint de

former les branches d'un arbre, tantôt en éven-
tail et tantôt en buisson ; là elle la soumet aux
règles de l'architecture, et ici elle l'oblige à
modeler une boule ou une pyramide (18).

Avant de procéder à la taille de l'olivier, il
faut en connaître la feuille, les branches, leur
position, leur fonction et leur progression.

Les feuilles des oliviers sont petites, longues
et charnues ; elles viennent sur les branches deux
à deux et à paires croisées ; leur position garantit les rameaux contre l'ardeur du soleil en
été, et elle les protège en hiver contre les gelées;
elles sont les premières à en recevoir les impressions ; car on a vu plusieurs fois les feuilles
d'un olivier périr entièrement par le froid, et
l'arbre en repousser de nouvelles dans le printemps d'après.

Les feuilles restent sur l'olivier pendant deux
ans ; ce n'est qu'à la troisième année qu'elles
s'en détachent insensiblement et peu à peu,
de sorte qu'on ne s'aperçoit presque pas de
leur chute ; alors elles n'ont plus aucune fonction à faire, et vers la fin d'août il ne reste
que deux sortes de feuilles sur l'arbre, savoir,

---

(18) On n'a rien écrit de plus précis, de plus juste et de plus
vrai, après A. David, sur la description et la taille de l'olivier.
Aussi aurons-nous peu de chose à y ajouter.

2

celle qui a poussé depuis le mois d'avril et celle de l'année précédente

La branche du fruit à noyau périt souvent dans l'année qu'elle a donné son fruit. Les bouquets du fruit à pepin peuvent fructifier plusieurs années de suite, mais ils s'épuisent nécessairement, et alors on est obligé de les supprimer et de chercher sur d'autres branches des bouquets nouveaux qui puissent les remplacer.

Il n'en est pas de même de l'olivier : la branche qui a porté son fruit ne périt point, elle rentre dans l'ordre que la nature lui a tracé ; elle devient branche à bois, et elle pousse par sa sommité plusieurs branches nouvelles qui promettent des récoltes plus abondantes, et qui se multiplient ensuite elles-mêmes en suivant toujours le même ordre.

La branche nouvelle de l'olivier, dans sa progression, pousse des rameaux qui, de même que les feuilles, sont placés deux à deux et à paires croisées : vers la fin de l'été elle se trouve ordinairement terminée par trois de ces rameaux, quelques-unes pourtant ne se terminent que par deux rameaux, et les plus faibles ne s'alongent que sur un seul. A cette époque il ne subsiste plus sur l'olivier que deux parties de bois garnies de feuilles : le bois de deux ans qui est pour lors en fruit , et le bois de l'année qui donnera des fleurs au mois de juin suivant.

Cette branche nouvelle est d'une forme carrée; les feuilles qui poussent à paires croisées sur toute sa longueur , forment alternativement un renflement sur chacun des carrés. Cette forme carrée se soutient pendant deux ans , mais à la troisième année le renflement se dissipe, le pédicule de chaque feuille s'atténue , elles jaunissent et elles se détachent insensiblement de l'arbre. Cette portion de branche prend alors une forme ronde , et elle devient branche à bois.

On distingue la branche nouvelle par l'apparition d'un petit bouton qui commence à se montrer pendant l'été dans l'aisselle de chaque feuille ; alors le bois de deux ans se trouve chargé de fruit , à moins qu'il n'ait péri par quelque cas fortuit , ce qu'il est aisé de reconnaître à une petite cicatrice ronde et noire qui paraît dans l'aisselle de la feuille , et qui manifeste la perte de son fruit.

Le rameau d'olivier est en fonction pendant deux ans : dans le courant de la première année, chacune de ses feuilles apporte avec elle les marques de sa fertilité ; les fleurs paraissent à la seconde année, en forme de grappes, et plusieurs d'entre elles restent chargées de deux olives. Au commencement de l'été suivant, la partie du rameau qui a donné son fruit se dépouille insensiblement de ses feuilles, et désormais elle ne fructifiera plus.

L'olivier doit donc nécessairement fleurir toutes les années ; il n'y a que le cas fortuit, ou la taille mal entendue, qui puissent nous priver de son fruit ; rien autre n'est capable d'intervertir cet ordre : et lorsque le Prophète a voulu annoncer un bouleversement dans la nature, il a dit : *mentietur opus olivæ.*

La récolte de la présente année 1762 nous en fournit une preuve bien convaincante : les oliviers qui avaient été en rapport en 1761, ont été taillés, suivant l'usage, en mars et en avril 1762 ; il était tombé une fort petite quantité d'eau pendant l'hiver, et les grandes chaleurs survenues dans le printemps ont extrêmement ralenti le mouvement de la sève.

Les oliviers qui ont été émondés dans le mois d'avril ont, malgré la sécheresse, distribué au nombre restant de leurs rameaux, une portion de sève suffisante pour faire nouer le fruit, et pour pousser du bois nouveau qui nous annonce une troisième récolte pour l'année prochaine.

Ceux, au contraire, sur lesquels on attendait cette récolte qu'on croit alternative, et qui, par une suite de cette erreur, n'ont point été taillés, se trouvant trop chargés en bois, ils n'ont pas pu fournir à la multiplicité de leurs rameaux la portion de sève suffisante pour en faire nouer le fruit, et ils n'ont pas même eu assez de force pour pousser du bois nouveau.

Si ces oliviers qui avaient été en rapport en 1761, ont encore donné une récolte abondante en 1762, après avoir été élagués, il est donc démontré que l'olivier est annuellement disposé à donner du fruit, et que la taille contribue à le faire nouer, surtout après avoir vu couler le fruit de tous ceux qui n'ont point été taillés, et sur lesquels on fondait l'espérance de la récolte.

La taille de l'olivier n'est, pour ainsi dire, qu'un simple élaguement ; on ne taille point ses branches, mais on les décharge des rameaux surnuméraires que l'on supprime en entier. La connaissance de ses branches doit diriger la main dans cette opération.

Il est dangereux de tailler l'olivier pendant l'hiver : les blessures qu'on lui fait dans cette saison le rendent plus sensible aux impressions du froid ; elles pourraient même en occasioner la perte totale s'il survenait un verglas. Le temps le plus convenable pour sa taille est depuis le

commencement d'avril jusques environ le quinze
du mois de mai , et même un peu plus tôt, si
le temps ne paraît plus disposé à la gelée (19).

On ne doit pas s'attendre à trouver ici une
règle fixe et invariable pour la taille de l'olivier ;
c'est de tous les arbres fruitiers celui qui produit le plus de rameaux ; ils poussent deux à
deux et à paires croisées , de sorte que sur
une branche un peu inclinée , une paire de
rameaux est placée horizontalement , tandis que
la paire qui vient après se trouve perpendiculaire , et ainsi alternativement jusqu'au bout du
rameau , qui est communément terminé par
trois bourgeons. Le nombre des exceptions donnerait lieu à trop d'incertitudes , et la main
du cultivateur serait toujours indéterminée.

Ce qu'on doit avoir pour certain, c'est que
cet arbre veut être , pour ainsi dire , moulé en
boule ; il transpire continuellement, et son
écorce est presque toujours en état d'être dé-
tachée du bois : s'il est sensible à la gelée ,
il ne craint pas moins pendant l'été les rayons
directs du soleil. La gelée fait fendre son écorce,
et le soleil la rend trop adhérente au bois, deux

---

(19) David écrivait principalement pour le terroir d'Aix. Dans
les pays plus chauds, tels que Marseille et le littoral, l'élagage
doit être fait en mars.

inconvéniens à redouter. Sa feuille est donc
sa sauvegarde dans toutes les saisons , et ses
rameaux qu'il multiplie à l'infini et qui prennent toute sorte de direction , nous annoncent
assez que son bois se plaît à leur ombrage.

Je suppose que l'olivier qu'on doit tailler est
un arbre déjà formé , et qu'il a suffisamment
poussé à bois.

On doit d'abord examiner l'arbre de tous
les côtés , et porter ses regards sur les prin-
cipales branches , pour voir si aucune d'elles
se jetterait trop sur les autres , et occasione-
rait de la confusion ; s'il se rencontre une branche pareille , il faut la couper à sa naissance.
On vient ensuite aux branches moyennes et on
procède de même , s'il y a lieu. Il convient
de s'attacher à former l'arbre , avant que d'entrer
dans le détail de ses rameaux.

Cette opération finie , on doit , avec la main
gauche , donner un petit mouvement à la branche qu'on a dessein de tailler , pour examiner
si aucun de ses rameaux s'engage dans la branche voisine , ou si la branche voisine vient se
jeter sur elle , et suivant l'occurrence on supprime entièrement le rameau qui occasione la
confusion ; on le coupe à sa naissance , en ob-
servant de ne laisser aucun chicot , et d'appro-
cher du bois autant qu'il est possible.

La branche se trouvant pour lors dégagée,

on observe la sommité de ses rameaux : plusieurs sont terminés par trois bourgeons , il
faut enlever celui qui est placé dans le milieu,
et qui par conséquent est le plus élevé ; d'autres se terminent par deux , on en supprime
un lorsqu'il se jette trop sur les autres ; et si,
malgré cette taille , la branche excédait les autres , on couperait encore les deux rameaux
plus élevés , en approchant toujours la coupe
des rameaux inférieurs. On décharge ensuite
la branche de tout le petit bois surnuméraire,
et de certains petits rameaux qui s'entre-nuisent
par leur proximité.

Il faut conserver les rameaux qui ont fourché,
par préférence à ceux qui ne se sont alongés
que sur une seule tige ; on doit supprimer entièrement ces derniers , à moins qu'ils ne fussent
nécessaires pour la figure de l'arbre.

On doit toujours entretenir les branches les
plus vigoureuses , et la branche inférieure doit
céder sa place à la supérieure qui se renverse
sur elle. On ne doit pas hésiter de couper les
petites branches en entier , lorsque les grosses
se portent sur elles, et il ne faut jamais ré-
duire une grosse branche pour faire place à
une petite , si ce n'est dans un cas de nécessité,
et toujours dans la vue de conserver la figure
de l'arbre.

Il est essentiel de supprimer certains bourgeons intermédiaires qui sont placés dans le centre des branches, et qui occasionent des frottemens très-nuisibles. Enfin, l'olivier, on le répète, veut être, pour ainsi dire, moulé en boule ; il doit être fourni également de rameaux dans toute sa circonférence ; chaque branche doit avoir la liberté de se mettre en mouvement sans nuire aux branches voisines ; ses branches les plus basses doivent être à la hauteur d'environ quatre pans pour ne point gêner la culture ; elles doivent avoir plus d'élé- vation dans les lieux où elles sont exposées à être rongées par les troupeaux, et le milieu de l'arbre doit être disposé de façon à pouvoir y monter librement pour en cueillir le fruit.

L'olivier qui a resté quelques années sans être élagué ne donne que très-peu de bois nouveau ; il n'alonge annuellement ses rameaux que de deux ou trois paires de feuilles, qui sont telle- ment rapprochées qu'elles ne forment plus qu'une espèce de bouquet avec celles de l'année précédente ; sa sève suffit à peine pour le faire subsister, et dans cet état il produit peu d'olives et fort petites.

La taille de cet olivier n'ayant pour objet que de lui faire pousser du bois nouveau, doit être faite avec plus de sévérité, et on doit lui enlever une grande partie de ses branches ; il faut traiter de même les oliviers qui auront souffert , soit par le froid , soit par la sécheresse.

Les oliviers ne donnent du fruit que sur le bois nouveau : c'est un principe vrai qui se vérifie chaque année , et les propriétaires comme les travailleurs sont d'accord sur ce point qui doit déterminer la taille ; mais ils s'égarent presque tous dans son application.

Le travailleur se munit de nombre d'instrumens ; il fait dans les vergers d'oliviers un abattis de bois prodigieux , et regardant derrière soi, il jette des yeux de satisfaction sur l'abondance de son travail , en fesant observer au propriétaire que ses coups n'ont porté que sur le bois vieux et usé ; qu'il trouvera dans le prix de ce bois de quoi fournir à une partie du coût de l'élagage.

Dans plusieurs lieux de la Province , des propriétaires trop économes ou peu versés en agriculture , induits par des travailleurs cauteleux , leur abandonnent les émondures pour prix de l'émondage de leurs oliviers. De pareils arrangemens sont destructifs des plantations d'oliviers. Le travailleur tire sur le gros bois tant qu'il peut , il n'y a guère de branches un peu grosses qu'il ne fasse servir à son avidité: peu touché du dommage qu'il vient de causer , il fait emporter ses fagots en triomphe , et on le voit marcher à la suite d'un verger d'oliviers ambulans.

Le travailleur s'autorise de l'usage où l'on est de mettre sur le bois nouveau les amandiers et autres arbres , pour les faire tourner à fruit ; mais comme sur les oliviers il n'y a jamais de branche morte , ni bois vieux apparent à supprimer , il s'imagine que les plus gros quartiers sont le bois vieux qu'il doit couper ; que leur suppression vivifiera l'arbre , et que la portion de sève qui fournissait à ces grosses branches, se portant en entier dans les petites brindilles auprès desquelles il a rabattu le gros bois, l'arbre poussera une tête nouvelle;

On ne doit pas se promettre que cette petite branche qu'on aura destinée pour rétablir la figure de l'arbre , puisse attirer suffisamment de sève pour former un bourlet , et recouvrir insensiblement la plaie que la branche rabattue a laissé nécessairement après elle. La coupe noircit, la sève se retire, l'écorce se fend tout à l'entour , et la brindille qui n'attire que pour elle, ne reçoit plus autant qu'elle recevait par la branche qui a été supprimée.

L'olivier ne végète pas plus dans l'une de ses parties que dans l'autre ; chacun de ses rameaux attire la quantité de sève qui lui est nécessaire , mais aucun ne s'accroît aux dépens de la branche voisine ; et si quelque branche gourmande qu'on aura omis de supprimer, attire un peu plus de sève pendant la première année, elle est, l'année d'après, rangée à l'égal des autres branches, parce qu'elle s'est tournée à fruit.

Dans les autres arbres fruitiers on distingue les branches à bois et les branches à fruit ; leurs branches à fruit s'épuisent, elles périssent, et on est obligé de les ravaler auprès de quelque branche à bois pour rétablir l'arbre : mais dans l'olivier tous les rameaux sont à bois et à fruit ; ils sont toujours tous dans la même fonction, et tous ensemble ils concourent à entretenir une uniformité dans la figure de l'arbre.

L'olivier n'a ni branches mortes, ni branches usées ; il est ou tout mort, ou tout malade, ou tout en vigueur, et l'état d'une de ses branches est l'état où toutes les autres se trouvent ; ainsi elles doivent être toutes traitées de la même manière. L'olivier doit donner du fruit toutes les années, et pour cela il a besoin d'un élagage annuel (20).

Enfin, l'olivier ne périt jamais en détail ; on ne saurait faire choix de son bois usé pour ne

---

(20) M. Lardier est du même avis. Cet auteur cite des faits qu'il a lui-même expérimentés et qui sont concluans. Voy. son Essai sur les moyens de régénérer l'Agriculture du Midi, tom. IV, pag. 186 et suivantes.

lui conserver que son bois nouveau ; les branches qu'on lui coupe portent à leurs sommités
des rameaux garnis de feuilles de deux années,
pareils à ceux qu'on lui laisse.

C'est une erreur de croire que l'année que
l'olivier ne charge point , soit son année de
repos ; c'est bien plutôt le signe de l'épuise-
ment dans lequel on le jette lorsqu'on le laisse
une année sans l'élaguer ; alors tous ses rameaux sont en fleurs au printemps ; mais si le
fruit noue , sa sève étant à peine suffisante pour
le nourrir , il en tombe une grande partie avant
la maturité , l'arbre ne pousse presque point
à bois; et l'année d'après il se trouve hors
d'état de produire , par le défaut de bois nouveau. Pendant cette prétendue année de repos,
on décharge l'olivier d'une partie de ses grosses
branches ; dans cet état il n'est plus occupé
qu'à pousser du bois nouveau et à recouvrir
en partie les blessures qu'on lui a faites : ainsi
on contraint l'olivier de supporter la première
année une surcharge de fruit , et la seconde,
de pousser du bois nouveau , afin qu'il puisse
s'entretenir dans cette triste alternative. Un
arbre conduit de la sorte peut-il jamais être
d'une belle venue (21)?

(21) Un inconvénient grave de la taille bisannuelle, c'est que l'am-
putation de branches déjà fortes charge l'arbre de plaies et de chicots
qui nuisent à sa croissance et contribuent à son dépérissement.

Par une suite nécessaire de ce traitement, cet olivier ne donne que cinq récoltes dans l'espace de dix années, et il travaille à son rétablissement pendant les cinq autres années, tandis que l'olivier que le père de famille élague annuellement, a donné dans dix ans dix récoltes, et que ses branches se sont élevées pendant dix fois. Quelle différence dans le produit et dans la progression de l'arbre (22)?

La taille de l'olivier est donc réduite à deux objets : l'élaguement de ses branches et la suppression générale de tous les bourgeons qui excèdent les autres, afin de contraindre la sève à se porter dans toutes ses parties, et à pousser également par chacun de ses rameaux.

Du Gouvernement.

La taille règle la portion de fruit que chaque partie de l'arbre peut supporter, et la culture contribue à le perfectionner : c'est par la culture que l'olivier se trouve annuellement dis-

---

(22) Puissent les excellentes raisons données par David faire impression sur les propriétaires, et les détourner de la taille bisannuelle qui prévaut encore presque partout.

posé à donner du fruit (23) ; il restitue avec profusion la dépense qu'il exige.

Les oliviers du terroir d'Aix doivent être divisés en deux classes : la première comprendra les vieux oliviers, dont l'ancienneté remonte jusqu'en 1709 ; et ceux qui ont été plantés depuis cette époque formeront la seconde (24).

Le froid de 1709 fit périr tous les oliviers de ce terroir. Les propriétaires privés par là de leurs plantations, eurent recours aux moyens qu'ils crurent les plus propres à les faire rentrer promptement en jouissance. Les rejetons que les souches repoussèrent dans le printemps, fixèrent leur attention ; ils furent élevés avec soin.

Dans la vue de se procurer des récoltes plus abondantes, on laissa sur chaque souche un nombre de ces rejetons, qui ne formaient en-

(23) C'est par la taille et la culture bien entendues que l'olivier porte des fruits toutes les années. Une taille vicieuse et une bonne culture, ou une mauvaise culture et une bonne taille, ne produiraient pas cet effet. C'est de l'ensemble de ces deux moyens qu'on obtient d'heureux résultats.

(24) Aujourd'hui on doit diviser les oliviers en trois classes : 1° ceux qui ont résisté au froid de 1819-20 ; 2° ceux qui n'ont pas péri en 1829 ; 3° ceux qui ont repoussé, ou qui ont été plantés depuis cette dernière époque.

semble que la tête d'un seul arbre, et plusieurs de ces oliviers subsistent encore sur trois ou quatre de ces anciens rejetons (25).

Le terrain occupé par ces rejetons fut labouré très-légèrement ; on craignait de les endommager par une culture profonde ; les souches prirent leur accroissement en toute liberté, et leur chevelu poussa dans la superficie du terrain (26).

Depuis ce temps-là on ne donna plus aux oliviers des labours profonds, ce qui a donné lieu de croire que les oliviers se plaisent à être labourés légèrement (27).

Lorsqu'on a voulu dans la suite changer ou renouveler les diverses plantations, on s'est

---

(25) Il en est de même depuis les dernières mortalités.

(26) La nature a indiqué par là combien est absurde le système de planter à une grande profondeur, ainsi qu'on le pratiquait jadis et quelquefois encore de nos jours.

(27) Quand on plantait à deux pans de profondeur et qu'on croyait que les racines qui devaient faire vivre l'olivier poussaient du collet ainsi enterré, on donnait des labours en proportion, et on remuait la terre à un pan de profondeur tout autour de l'arbre jusqu'au point de mettre à nu le pied lui-même. On peut dire que cette manière de cultiver était conforme au mode de plantation, et que l'une était la conséquence de l'autre ; mais quand le cultivateur a vu les racines ou leur chevelu presque à fleur de terre, il a senti la nécessité de ne pas creuser autant, afin de conserver les racines.

aperçu que les labours profonds donnés autour de ces oliviers leur devenaient nuisibles par la suppression des racines et du chevelu qu'ils avaient poussé à fleur de terre ; mais quelques années après, ces mêmes oliviers ayant poussé des racines nouvelles, on les a vus, pour la plupart, reprendre des forces, et devenir plus beaux qu'ils n'étaient auparavant (28).

Ce rétablissement dans leur ancien état sert à prouver que ce n'est pas la culture profonde qui nuit aux oliviers, et que c'est uniquement la suppression de leur chevelu et de leurs racines rampantes qui les affaiblit pour un temps (29),

Un pareil succès ne doit pourtant pas séduire ; les terrains ne sont pas tous également propres à opérer le prompt rétablissement des racines ; et la position de ces anciens oliviers résiste sou-

---

(28) Si, au lieu de détruire les racines et leur chevelu, on se fût borné à remuer légèrement la portion de terre qu'elles occupaient, et qu'on eût donné un labour profond autour de ces mêmes racines afin qu'elles pussent s'étendre, les oliviers auraient prospéré de suite. Ils auraient mis en croissance, en développement et en production les forces vitales employées à former de nouvelles racines ; ajoutons qu'il est probable qu'un certain nombre d'oliviers ainsi traités, d'après David, a dû périr.

(29) Il vaut bien mieux ne pas les affaiblir du tout, en suivant la culture indiquée dans la note précédente.

3

vent à une culture profonde ; ainsi il y a moins
à risquer en se conformant à l'usage , et en
ne donnant à ces oliviers que des labours pro-
portionnés à la profondeur de leurs racines (30).

On doit donner annuellement trois labours
aux oliviers : le premier après qu'ils ont été élagués , c'est-à-dire dans le mois d'avril et de mai;
le second à la fin d'août , et le troisième dans le
mois de décembre , d'abord après la récolte des
olives (31).

L'espace de terrain que les oliviers couvrent
de leurs branches , ne doit jamais être occupé par
aucune sorte de semence ; la plupart du temps
cette semence ne lève pas , et si elle lève , il est
rare qu'elle produise : ainsi par une économie
mal entendue , la semence est perdue et l'ordre

---

(30) Nous le répétons , parce que c'est un point essentiel dans
la culture de l'olivier. Labourez profondément la partie qui
avoisine et touche les racines, et superficiellement la terre qui
les recouvre , afin de la rendre plus facilement perméable aux
influences atmosphériques. On peut descendre jusqu'aux racines ,
mais sans les endommager.

(31) Nous préférons un premier labour, le plus profond de
tous, immédiatement après les gelées , c'est-à-dire en février ou
mars , suivant les localités : c'est aussi l'époque la plus favorable
pour enterrer l'engrais qu'on destine à l'olivier. Les autres labours
ne sont que de simples binages qu'on doit donner, le premier
après les pluies d'avril , le second en juin , en ayant soin de briser
les mottes et de bien aplanir le sol, et le troisième à la mi-
août.

des cultures est interrompu, ce qui porte un préjudice notable aux oliviers (32).

Ce n'est pas assez que de leur laisser la libre occupation du terrain, il faut encore leur donner annuellement un engrais proportionné à leur circonférence. La fiente de pigeons, le fumier de brebis, la litière réduite en terreau, sont les engrais qui lui conviennent le plus. On en met une petite quantité à l'entour de chaque olivier, dans le mois de décembre, et tout de suite on donne le troisième labour (33).

Le mélange des terres leur est encore très-

---

(32) Ce n'est que dans les terres fertiles, et lorsque les oliviers sont largement espacés, qu'on peut se permettre d'ensemencer les intervalles d'un arbre à l'autre, et l'on fera toujours mieux de s'en dispenser.

(33) L'olivier s'accommode de toute espèce d'engrais; mais les plus chauds sont ceux qui favorisent sa végétation. En taillant les arbres tous les deux ans, on les fume après l'année de la récolte pour leur faire pousser du bois, et on les fume copieusement; en suivant la taille ou mieux l'élagage annuel, il convient de les fumer toutes les années, mais la moitié d'une bonne fumure est suffisante.

Nous n'approuvons pas l'application du fumier en décembre, parce que la chaleur de l'engrais peut mettre la sève en mouvement, et l'arbre souffre ou périt s'il survient une gelée. Nous aimons mieux, ainsi que nous l'avons déjà dit à la note 31, fumer en février ou mars, après les gelées. Les pluies d'avril, en tempérant l'ardeur du fumier, viennent aider à sa décomposition, qui est complète avant les fortes chaleurs.

profitable. Si les oliviers sont dans une terre
légère , on peut pendant l'hiver faire porter au
pied de chacun environ une ou deux charges
de terre forte et argileuse , et dans le mois d'avril
on répand cette terre autour de l'arbre , et on
donne le premier labour. On doit en user de
même à l'égard de ceux qui sont placés dans
une terre forte et compacte , au pied desquels
on fait porter une pareille quantité de terre légère , et même du gravier.

La terre légère se lie et se réunit par le mélange ; l'eau ne filtre pas si facilement au tra-
vers , et elle n'est pas sitôt desséchée par les
chaleurs de l'été. La terre forte étant divisée
par le gravier , laisse un passage plus libre à
l'humidité , et elle s'oppose moins à l'action
des racines et du chevelu. Un pareil amen-
dement serait renouvelé fort à propos tous les
deux ans (34).

Lors du second labour il n'est question ni

---

(34) Le mélange des terres indiqué plus haut par l'auteur, est
bon en ce qu'il divise la ténacité des terres fortes, donne de la
cohésion aux terres légères ; et tend à former l'espèce de terrain
qui est le plus propre à la végétation ; mais nous ne voyons pas
la nécessité de faire ce mélange au moins tous les deux ans ,
et de couvrir annuellement la souche de l'olivier d'une terre
nouvelle , à moins qu'on n'enlève une quantité égale de l'ancienne
sans quoi on finirait par enterrer trop le collet.

d'engrais , ni de mélange de terres , mais il reste encore à faire une opération essentielle, c'est la suppression des bourgeons gourmands que l'arbre pousse dans son intérieur ; ces bourgeons attirent une portion de sève au détriment du fruit (35).

Pendant l'hiver on doit faire un petit fossé en forme de croissant autour des oliviers qui sont situés sur des terrains en pente , afin de recevoir l'eau qui découlera de la partie supérieure. On met dans le fond du fossé un peu de gros fumier sur lequel on jette deux pouces de terre. Ce fossé reste dans cet état jusqu'au printemps ; alors on aplanit le terrain en donnant le premier labour.

Les oliviers qui ont été plantés depuis 1709 ont reçu des labours profonds ; leurs souches ne se sont pas encore fort rapprochées de la superficie du terrain ; leurs racines sont profondes , et leur chevelu est moins exposé à être endommagé par les labours : on peut sans hésiter leur donner toute sorte d'engrais , et le labour profond d'hiver , en entretenant leurs racines

---

(35) L'ordre de nos labours n'étant .pas le même que celui de David, nous devons dire , pour prévenir toute erreur , que la suppression des bourgeons gourmands doit être faite pendant la morte sève , qui varie de la fin juillet au 15 août.

toujours basses , les rendra plus vigoureux et par conséquent plus fertiles (36).

La plupart des arbres fruitiers ne répondent aux soins qu'on leur donne que par une abondance de branches souvent stériles ; on est quelquefois obligé de leur refuser les labours , et même d'en venir à la dégradation si on veut en obtenir du fruit. L'olivier , au contraire , multiplie ses récoltes en proportion de la culture qu'on lui donne ; ses branches nouvelles sont toujours toutes disposées à fruit ; plus il produit, plus il est en état de produire , il ne se lasse jamais : ses rameaux ne fructifient qu'une seule fois , il est vrai ; mais ils poussent à leur sommité un nombre de bourgeons qui nous promettent des récoltes toujours plus abondantes.

Cette fertilité est le pur effet de la culture ; car l'olivier qu'on cesse de cultiver, devient bientôt stérile ; ses rameaux ne s'allongent presque plus , ils se forment alors par bouquets ; ses feuilles , quoique nouvelles , annoncent par leur couleur l'état d'abandon où il se trouve ;

---

(36) Les arbres anciens ont , sans contredit , des racines plus fortes et plus avant dans la terre que les jeunes oliviers ; mais, comme ceux-ci, ils en ont également de très-rapprochées de la surface du sol , et si l'on doit creuser assez profondément tout autour des unes , il est essentiel d'user de précaution pour ne pas blesser les autres.

quelques-unes de ses fleurs peuvent bien nouer en été, mais souvent il n'a pas la force de nourrir le fruit jusqu'au terme ; et si quelque pluie favorable dans la saison lui en procure le moyen, le fruit sera si petit et en si petite quantité, qu'on consultera peut-être pour savoir s'il n'est pas plus avantageux de l'abandonner que de le cueillir.

Je finis en vous retraçant les principes de la taille et de la culture des oliviers.

Ne ravalez jamais les grosses branches des oliviers.

Qu'à leur sommité leurs rameaux se réunissent pour les garantir des rayons brûlans du soleil.

Qu'à leur entour leurs branches latérales servent de rempart au pied de l'arbre contre le froid et les frimats.

Couvrez leur souche d'une terre nouvelle pendant l'hiver (37).

---

(37) En posant ce principe, David n'a pu se proposer qu'un des trois buts suivans :

1° *Donner à la terre aux pieds des oliviers les qualités que constituent la terre franche.* On dépasserait donc le but une fois atteint en continuant.

2° *Renouveler la terre.* Ce renouvellement annuel et insensible

Cultivez légèrement et planez auprès des anciens oliviers. Je suis, etc.

---

ne peut être que profitable à l'arbre, puisque l'expérience nous apprend qu'en renouvelant tout-à-fait la terre, au bout d'un certain laps de temps l'olivier prend une nouvelle vigueur, et qu'il languit si on ne la renouvelle pas : autre preuve à ajouter à tant d'autres, que la terre se lasse de porter toujours le même végétal. Mais dans ces deux cas, le renouvellement peut se faire en toute saison, et au lieu de saisir celle de l'hiver, il vaut mieux profiter du moment où l'on donne le premier labour, qui est le plus profond, et celui par conséquent où le mélange se fait avec plus de facilité.

3° Enfin *butter l'olivier pour le garantir de la gelée*. Les expériences connues sur le buttage ne sont pas encore assez concluantes pour le conseiller sans restriction. Tout ce que nous pouvons dire à ce sujet, se réduit à ceci :

Opéré peu avant les froids, il garantit l'arbre de la gelée, mais il l'expose au contraire à un dommage certain s'il règne une suite de beaux jours après cette opération. La douceur de la température jointe à la chaleur de la terre au pied de l'olivier, provoque l'ascension de la sève et rend l'arbre beaucoup plus sensible aux atteintes du froid.

Pour mon compte, j'aime mieux laisser les oliviers passer l'hiver sans culture, sans fumier et sans buttage.

SECONDE LETTRE

SUR LES OLIVIERS,

Ecrite à M. B. le 25 novembre 1771,

Avec des Notes de M. FEISSAT aîné.

———————— ◆◦◆ ————————

MONSIEUR,

J'ai eu l'honneur de vous envoyer le 23 décembre 1762 quelques observations sur la culture de nos oliviers ; vous m'annoncez aujour-
d'hui la perte que vous avez faite d'une grande
partie des vôtres, et vous exigez de moi une
éducation pour les rejetons que leurs souches
reproduisent. J'ai tâché de satisfaire votre curio·

4

sité par ma première Lettre ; jugez de mon empressement lorsqu'il est question de votre intérêt.

Nos anciens oliviers sont parvenus au terme de dépérissement qu'essuient tour à tour les plantations diverses des cultivateurs. Frappés par les intempéries des saisons auxquelles leur vétusté les rend plus sensibles, assaillis par les insectes, ils succombent, et le cultivateur le plus surveillant ne saurait les conserver plus long-temps.

Contemplons la Nature, et reconnaissons cette sagesse qui, lorsqu'elle détruit cet arbre précieux, fait surgir de sa souche même une troupe nombreuse de rejetons propres à le régénérer.

Nous devons donc nous attacher avec soin à renouveler les oliviers, dont la perte cause un préjudice si considérable dans une partie de la Provence.

Je vous ai tracé dans ma première Lettre les règles de la plantation, de la taille et du gouvernement des oliviers ; je me bornerai à vous indiquer ici les moyens convenables pour conduire leurs rejetons naissans jusqu'à l'époque de leur transplantation ; je les diviserai en deux parties : l'éducation des rejetons destinés à être

transplantés, le traitement de ceux qui resteront
à demeure.

ÉDUCATION

DES REJETONS DESTINÉS A ÊTRE TRANSPLANTÉS.

Les rejetons produits par les souches de nos
oliviers, ont acquis dans l'espace de six ans
une grosseur suffisante pour être transplantés ;
l'industrie du cultivateur doit concourir avec
la nature, pour tâcher de les former dans ce
premier âge, et de devancer, s'il est possible,
le terme de leur transplantation.

Les souches des oliviers qui ont été frappés
par le froid, poussent, pendant l'été suivant,
un nombre infini de rejetons : il faut laisser
établir ces rejetons en toute liberté; ils ne s'entre-
nuisent point dans la première année de leur
naissance : étant réunis, ils se prêtent un se-
cours mutuel, ils garantissent plus efficace-
ment la souche contre les rayons du soleil qui
ralentiraient l'action de la sève ; on ne doit pas
les éclaircir dans cette première année : d'ailleurs, plusieurs d'entre eux s'élèvent au-dessus
des autres ; ils prennent un accroissement plus
prompt ; le voisinage des petits favorise leur
élévation, et la souche qui fournissait à suffisance à un gros olivier, fournit sans difficulté

pendant quelques années aux petits bourgeons qu'elle reproduit.

L'année d'après, et dans le mois de mai, on fait choix de quatre ou cinq rejetons les plus vigoureux, plus ou moins, suivant l'état de la souche ; on enlève tous les petits qui les environnent, et on ne supprime absolument rien à ceux qu'on a réservés.

Les rejetons s'élèvent d'abord perpendiculairement ; ils poussent ensuite des branches à paires croisées, qui sont toutes horizontales ; les plus basses sont les plus élancées ; celles qui sont au-dessus se rétrécissent par gradation jusqu'à la sommité, en forme de pyramide.

Ces branches horizontales favorisent l'élévation de la tige dans sa direction perpendiculaire ; elles l'ombragent tout à l'entour ; elles lui servent de balancier pour garder l'équilibre ; elles sont le ressort qui redresse la tige inclinée par le vent, de quelque côté qu'il souffle ; elles servent d'entrepôt pour la distribution graduelle de la sève ; elles coopèrent à l'accroissement de la tige, en proportion de celui qu'elles prennent elles-mêmes.

Les fonctions de ces branches latérales ne sont utiles à la tige que pendant l'espace de deux ans et deux mois : à cette époque les

feuilles les plus proches de la tige tombent ;
il se forme en même temps des subdivisions
dans la branche latérale qui jusqu'alors n'était
qu'un simple rameau ; cette branche, en se sub-
divisant, convertirait à son usage une trop
grande portion de sève, elle deviendrait parasite,
il convient de la supprimer.

Au mois de mai de la troisième année on
doit couper au rejeton deux ou trois paires des
branches les plus basses, afin de transmettre
leurs fonctions aux branches supérieures dont le
séjour est encore nécessaire à la tige ; on ap-
proche la coupe autant qu'on peut, sans altérer
le sujet.

Le rejeton déja fortifié recouvre facilement
les plaies qu'on lui a faites en supprimant ses
branches inférieures ; une écorce unie et luisante vient occuper la place des branches sup-
primées ; le pied prend de l'accroissement, il
s'élève en proportion.

Le retard de la suppression des branches les
plus basses serait nuisible au progrès de la
tige ; mais la suppression prématurée de ces
mêmes branches lui serait meurtrière ; elle dé-
truirait le rejeton. Par cette suppression prématurée, on prive la sève de ses sorties les
plus proches de terre ; on intercepte les premiers réservoirs de sa distribution ; les canaux

supérieurs ne sont point encore assez spacieux
pour la recevoir en entier ; elle reflue, et les
faibles rameaux de la sommité ne recevant plus
de proche en proche et se pourvoyant de trop
loin, ne subsistent qu'avec peine ; le rejeton
se rapetisse bien loin d'augmenter en grosseur ;
il perd son équilibre ; n'ayant plus de ressort,
il s'étiole, et le tuteur le plus fort ne saurait
lui faire reprendre la perpendiculaire ; s'il ne
périt pas, il est mis hors de service.

Au mois de mai de la quatrième année on
ravale la sommité de la tige jusqu'à la hauteur d'environ trois pans, tout près d'une
paire de branches latérales ; on laisse subsister
la paire qui vient après, et on supprime toutes
les autres.

Au mois de mars de la cinquième année
on peut commencer à transplanter ceux des
rejetons qui auront atteint une grosseur raison-
nable (38) ; celui d'entre eux qu'on aura destiné
pour rester à demeure sur la souche, pro-
fitera davantage. Vous avez vu les règles de
la Plantation dans ma première lettre, il serait
inutile de les rappeler ici.

---

(38) Après la mortalité de 1820, comme après celle de 1829,
on a transplanté avec succès les rejetons de la souche dès la troisième
année.

TRAITEMENT

DES REJETONS D'OLIVIERS QUI RESTENT A DEMEURE.

Contrarier l'usage , s'écarter de la routine à laquelle le travailleur est scrupuleusement asservi, tracer une route nouvelle en matière d'agriculture , c'est s'exposer à voir le plus grand nombre des cutivateurs s'élever contre une idée pareille. N'importe : lorsqu'apres s'être attaché pendant nombre d'années à observer la nature d'un arbre qui périt de temps en temps par le froid , on est parvenu à découvrir un moyen pour le rétablir promptement et le rendre plus durable ; on doit tout oser , puisqu'on agit pour l'intérêt de l'universalité.

L'olivier est un arbre fort ancien ; il est d'une très-longue durée : les vieux pieds de cet arbre qui subsistent dans les terroirs de Cuers et de Solliés sont d'une grosseur prodigieuse , et si quelques rameaux , dont leur tête est encore parée, ne les annonçaient point, on douterait de leur espèce par l'aspect seul de leurs troncs.

Le froid de 1707 fit périr totalement nos oliviers ; leurs souches repoussèrent des bourgeons nouveaux ; on s'occupa de leur rétablis-

sement , mais les cultivateurs d'alors ont né-
gligé de nous laisser par écrit les moyens dont
ils se servirent ; la tradition n'en est pas venue
jusqu'à nous , quoique cette époque ne soit
pas fort ancienne ; nous ignorons même le
degré de grosseur et d'élévation qu'avaient
atteint nos oliviers avant cette époque fatale.

La plupart des anciens oliviers qui ont péri
par le froid des hivers des années 1769 et
1770 , étaient composés de trois ou quatre
rejetons qu'on avait laissé subsister après 1709
sur une même souche. Ces rejetons parvenus
à un certain degré d'accroissement, leurs branches s'entrenuisirent par leur proximité : par-
tant d'une même souche on les regarda comme
branches d'un seul arbre et on les élaga comme
telles ; de sorte que chacun de ces rejetons ne
fut alors employé que pour un tiers ou pour
un quart de l'arbre à la formation duquel ils se
trouvèrent pour ainsi dire associés.

Pour parvenir à former cet olivier com-
posé de plusieurs rejetons séparés , on fut
obligé de supprimer toutes les branches qui se
croisaient intérieurement ; par cette suppression le pied de chaque rejeton dépouillé de
branches par un côté , fut exposé aux rigueurs
des saisons ; il travaillait en vain à son rétablissement , les efforts qu'il fesait lui attirè-

rent des mutilations réitérées ; et le pied qui avait végété au centre de ses branches pendant ses premières années , se trouva par cette manœuvre placé sur le côté.

Or dans la réunion de plusieurs rejetons pour former un seul arbre , ceux qui regardent le nord ne voient que fort peu le soleil : pour les déterminer à diriger leurs branches de ce côté , on emploie la violence ; on supprime avec une espèce d'acharnement les branches qu'ils repoussent sans cesse du côté du soleil qu'ils recherchent ; on entasse plaie sur plaie, chicot sur chicot ; la sève n'a plus de sortie dans cette partie de l'arbre , et un chancre en forme de ruban gagne toute la longueur du pied qui , dépouillé de branches , reçoit directement les rayons brûlans du soleil.

Les rejetons situés au midi essuient les mêmes mutilations, parce que dans l'intérieur de l'arbre on donne un évasement uniforme ; mais ces coupes réitérées ne leur sont pas si nuisibles ; elles ne voient point le soleil ; la sève qui y circule plus librement, les recouvre en partie, et les branches latérales interceptant les rayons du soleil, les garantissent contre le chancre.

Ces rejetons dépouillés intérieurement d'une partie de leurs branches , s'élèvent assez promptement , parce que la sève se portant plus faci-

lement dans les branches verticales de l'arbre
que dans celles qui sont horizontales , elle y agit
avec plus de rapidité.

Les oliviers composés de la sorte exigent un
élaguement très-réfléchi : car ces rejetons, produits par la même souche, ne sont pas tous
d'une constitution égale ; elle dépend de leur
situation plus ou moins avantageuse , il faut
donc les traiter chacun suivant son état : ceux
qui sont au midi ont ordinairement des rameaux alongés et lians; leurs feuilles sont d'une
couleur vive et luisante : ce degré de force
et de couleur est diminué dans les autres en
proportion de leur déclinaison ; de sorte que
dans la partie du midi on doit être entièrement occupé de la suppression des rameaux
surnuméraires , tandis que du côté du nord
l'unique objet est la conservation des rameaux
nécessaires qui ne se remplacent pas facilement dans cette partie où la sève agit plus lentement (39).

Les travailleurs réfléchissent peu : leurs usages,
bons ou mauvais , se perpétuent parmi eux,
et leur exemple induit un grand nombre de

_____

(39) Il vaut donc beaucoup mieux ne laisser qu'un seul rejeton
sur la souche , et transplanter tous les autres , ou vendre ceux
qu'on ne peut utiliser chez soi.

propriétaires dont ils dirigent les travaux ; ils leur font entendre et leur répètent souvent que trois oliviers donnent plus de produit qu'un seul.

Si ces trois oliviers étaient distincts et séparés et que chacun d'eux fît souche, on ne saurait raisonnablement se refuser à ce principe ; mais les trois pieds d'oliviers dont ils entendent parler ne sont que trois bourgeons reproduits par une souche qui fournissait à suffisance à un seul olivier, et qui dans la détresse se trouve hors d'état d'en faire subsister trois réunis ensemble (40).

Les coupes réitérées qu'on leur fait dès le commencement de cette réunion, irritent la sève ; elle se porte toute à bois et elle donne fort peu de fruit : dans la suite de leur progression leurs branches latérales se trouvant en rencontre, on les taille sans cesse pour qu'elles ne s'entrenuisent par leurs frottemens : par l'attention qu'on a de supprimer les rameaux de l'extrémité de ces branches de rencontre, on met peu à peu les branches à bois toutes

_____

(40) Plantés isolément, ces trois rejetons auraient donné le produit de trois oliviers ; réunis, ils égalent à peine le revenu d'un seul.

à découvert ; bientôt ces trois pieds ne peuvent plus recevoir un évasement proportionné à leur circonférence , pour faire place au plus vigoureux on tire sur le plus faible ; et enfin on est souvent obligé de mettre celui-ci hors du rang par une suppression totale.

Les deux pieds qui restent ne composent plus que les deux tiers d'un olivier ; il est très-difficile qu'ils puissent se rejoindre ; le travailleur a cru trouver dans le ravalement des branches de leur sommité , un moyen de les faire réunir , et il a accéléré leur dépérissement.

Les rejetons que les souches des oliviers ont reproduits après la mortalité causée par le froid de 1709 , auraient reçu beaucoup plus d'accroissement et d'élévation , si l'on n'en avait laissé à demeure qu'un seul sur chaque souche ; la grosseur de l'olivier varie suivant le climat , le terrain et les epèces d'olives ; mais il s'en trouverait de fort gros de chaque espèce , si l'on avait eu cette attention.

Il existe aujourd'hui 25 novembre 1771 , au couchant de l'Hôpital général St.-Jacques de cette ville d'Aix , un peu au-dessus du rocher appelé *du Dragon* , un olivier d'olives à la Picholine , *fructu oblongo minori* , dont le pied a six pans et demi de circonférence, les branches vingt-deux pans d'élévation et trente-deux pans de diamètre;

J'ai vu dans le terroir du Tholonet un olivier nommé vulgairement *Tripard* , *fructu majori carne crassâ* , dont le pied a quatre pans de circonférence, les branches verticales vingt pans d'élévation , et les branches latérales vingt-quatre pans de diamètre ;

Un autre olivier d'olives appelées *Mourettes*, *fructu minori rotundo* , *rubro-nigricans* , dont le pied a trois pans et demi de circonférence, les branches dix-huit pans d'élévation, et vingt pans de diamètre ;

Un autre d'olives appelées *Saurines* , *fructu medio subrotundo* , dont le pied a trois pans de circonférence, les branches seize pans d'élévation et vingt pans de diamètre ;

Un autre d'olives appelées *Barrelenques* , *olea media* , *fructu piriformi* , *præcox* , égal en grosseur et en élévation à l'olivier ci-dessus.

L'accroissement que ces oliviers ont reçu dans l'espace de soixante ans , nonobstant les ravalemens et les mutilations encore apparentes qu'ils ont essuyés , nous indique assez celui qu'ils sont dans le cas de recevoir avant qu'ils arrivent à l'époque du dépérissement par vétusté ; car ils sont d'une très-longue vie.

Si les rejetons d'oliviers acquièrent pendant l'espace de soixante ans un accroissement pareil , il est donc conséquent de ne laisser subsister qu'un seul rejeton sur chaque souche ; leur progrès dépend du traitement et de la culture qu'on leur donne (41).

Ce rejeton unique, reproduit par la souche d'un vieux olivier , fait en très-peu de temps des progrès prodigieux ; on le voit dans toute sa rondeur d'une couleur uniforme qui annonce son état de vigueur ; produit par une souche établie depuis long-temps, il reçoit une substance abondante qui le met en état de résister davantage aux intempéries du climat ; il pousse librement des rameaux de tous les côtés, qui ombrageant son pied , le garantissent contre les rayons du soleil.

Trois ou quatre rejetons subsistent sans diffi-

_____

(41) On vient de lire les inconvéniens de la réunion de plusieurs rejetons sur la même souche, voici maintenant les avantages de n'y en laisser qu'un. Toute cette lettre de David est admirable de sens , de raison , et dénote un observateur aussi exact que profond. Tous les propriétaires d'oliviers doivent la méditer et la prendre pour guide.

culté sur une même souche pendant leurs premières années ; mais à mesure qu'ils prennent
de l'accroissement et que leurs branches se ren-
contrent, ils s'entrenuisent réciproquement.
Lorsqu'on entreprend de n'en former qu'un
seul olivier, on est obligé de les mutiler tous
les trois ; celui qui est du côté du nord donne
très-peu de fruit, et il n'est associé qu'à la
figure de l'arbre ; tandis que chacun des deux
autres ne peut produire que pour un tiers,
parce qu'on les dépouille des deux tiers de
leurs branches.

D'ailleurs, ces rejetons réunis ne sauraient
être d'une longue durée : la nature ne se prête
pas pendant long-temps à réparer des mutilations trop souvent réitérées ; la sève s'é-
panche dans les commencemens ; dans la suite
devenant moins abondante, elle reflue, l'arbre
s'appauvrit, et il est moins en état de résister
aux rigueurs des saisons.

Les oliviers formés de plusieurs rejetons
réunis, sont assimilés aux arbres fruitiers qu'on
élève en buisson : les tailles extraordinaires
qu'on fait à ces derniers, sont un obstacle à
leur produit ; elles les détruisent insensiblement, tandis que les mêmes espèces d'arbres
destinés à plein vent et qu'on élague légère-

ment, sont d'une longue durée et d'un très-grand rapport.

Le rejeton unique occupe beaucoup moins de terrain, il n'exige pas tant de culture ; il est plus facile à élaguer ; il devient très-gros ; il fructifie également dans toute sa circonférence ; il donne par conséquent plus de produit que trois rejetons associés ensemble : c'est ordinairement le plus vigoureux qu'on réserve ; il a été reproduit par la portion de la souche la moins viciée ; le cultivateur doit lui donner une attention particulière lors des labours ; il doit visiter avec soin la souche dans toute sa circonférence, en extirper tout ce qu'elle peut avoir de carié, de pourri, et emporter jusqu'au vif toutes les parties affectées, quelque volumineuses qu'elles soient ; on ne peut pas apporter trop de soin à s'opposer au progrès de la contagion ; par là on dispose la souche à profiter des labours et à augmenter le nombre de ses racines.

Les arbres fruitiers dont les yeux sont alternes et poussent obliquement, doivent être montés sur trois branches, fesant un cône renversé, qui est la forme ordinaire des arbres en buisson.

Sur les rejetons d'oliviers, les yeux sont

placés à paires croisées , et poussent horizontalement , en sorte qu'il faut les élever sur quatre
branches horizontales.

Le rejeton qu'on a conservé sur la souche
pour y rester à demeure , avait été ravalé à sa
quatrième année sur quatre branches horizontales , ainsi qu'il a été dit ci-devant pag. 166 ;
ces quatre branches horizontales ont nécessairement poussé des branches dans toute sorte
de direction ; on choisit parmi celles-ci , dans
le mois d'avril de la cinquième année , les
quatre branches verticales qui contribuent le
mieux à former l'arbre ; |on coupe les extré-
mités des branches horizontales , tout près de ces
quatre perpendiculaires , et on supprime tout le
reste.

Pendant l'été ces quatre branches perpendiculaires poussent à leur tour horizontalement ;
pour leur donner plus d'évasement , on ravale , au mois d'avril d'après , un peu de la
sommité de ces quatre perpendiculaires , tout
près d'une paire de rameaux ; on supprime
les rameaux qui ont poussé dans l'intérieur
de l'arbre , qui peuvent y occasioner des
frottemens , et on laisse subsister tous les
autres.

Ce rejeton d'olivier ayant reçu une forme

5

convenable , il est très-facile de l'entretenir
et de l'élaguer aux années suivantes : je vous
en ai indiqué le moyen dans ma première Lettre,
à l'article de *la Taille*.

L'olivier pousse d'une manière uniforme ; la
sève n'agit par irruption dans aucune de ses
branches : elle est distribuée avec un ordre admirable : ses rameaux dans leur progression , se
multiplient à l'infini , mais ils concourent tous
également à entretenir la forme et la rondeur
de l'arbre ; ses feuilles se renouvellent insensiblement , sans diminution de sa beauté ; la
nature semble vouloir dérober l'époque de
leur chute , puisqu'elle l'a déterminée dans la
saison où les yeux du cultivateur se bornent
à observer le développement du fruit.

En plantant des oliviers le propriétaire n'a
consulté que le besoin et la nécessité : on a
planté indifféremment dans les terres fortes
comme dans les terres légères ; l'élaguement
doit donc être analogue à la qualité du terrain
et l'état des oliviers.

Les oliviers plantés dans des terres légères
et à portée des arrosemens, peuvent être élagués avec un peu plus de sévérité, parce qu'on
leur fournit le moyen de se rétablir prompt-
tement. Mais le traitement des oliviers plantés

dans des terres fortes et arides , exige plus de
ménagement ; ils veulent être élagués légèrement chaque année , et le ravalement des
branches de leur sommité leur est extrêmement
nuisible.

Dans ma première Lettre j'ai eu recours à
l'attraction , pour donner plus de clarté à mon
raisonnement , et vous vous êtes aperçu que
j'ai employé le terme de *succion* : j'y ai été
autorisé par M. Duhamel , que je prendrai
toujours pour guide , sans craindre de m'é-
garer , surtout après la juste décision de l'Ami
des Hommes, dans la partie cinquième, pag. 184,
où traitant de l'*Economie Rustique*, il avoue
qu'*il ne connaît encore de célèbre* (en France)
que les Ouvrages de M. Duhamel.

M. Duhamel , *Physique des Arbres* , in-4°,
tom. I, pag. 155 , dit : « Tous ces faits prou-
« vent que les feuilles sont garnies de *suçoirs*. »

Pag. 202 : « Une des propriétés des feuilles
« est d'exciter le mouvement de la sève dans
« les différentes parties de l'arbre. »

Tom. II. pag. 90 : « Le sujet déjà épuisé
« a été hors d'état de suffire *à la succion* de la
« greffe. »

Pag. 249 : « Que la force de *succion* est bien

« peu de chose dans une *branche effeuillée* , et
« qu'elle se trouve d'autant plus grande que
« l'arbre est *plus garni de feuilles.* »

J'y joindrai encore l'autorité de M. l'abbé
Roger Schabol , dans sa *Théorie et Pratique
du Jardinage* , in-8° , Paris 1767 , au mot
Elancer : « Les bons pépiniéristes , dit-il , lais-
« sent de distance en distance des branches-
« crochets servant *à attraire la sève* , et dans
« la suite ils les jettent à bas. »

Je suis , etc.

Après avoir lu les deux Lettres de David sur les Oliviers , le
lecteur nous saura gré sans doute de les lui avoir fait connaître.
Notre but sera atteint , si leur lecture amène l'abandon des mé-
thodes vicieuses suivies encore dans la culture et la taille de
l'olivier , et contribue à l'introduction plus générale des excellens
principes développés par David. Puisse la justice que nous nous
sommes plu à rendre à cet ancien et estimable agronome , prouver
aux abonnés des Annales Provençales d'Agriculture que ce n'est
pas par amour de la nouveauté que nous décrions souvent les anciens procédés , et que nous préconisons les nouveaux systèmes agri-
coles , mais dans l'intérêt de notre prospérité agricole , puisque
nous savons apprécier ce que nos devanciers ont fait ou écrit
de bon , et que nous honorons leur mémoire en même temps
que nous mettons à profit les utiles leçons qu'ils nous ont
données.

MARSEILLE.
TYPOGRAPHIE de FEISSAT aîné et DEMONCHY,
rue de la Canebière , n° 19.

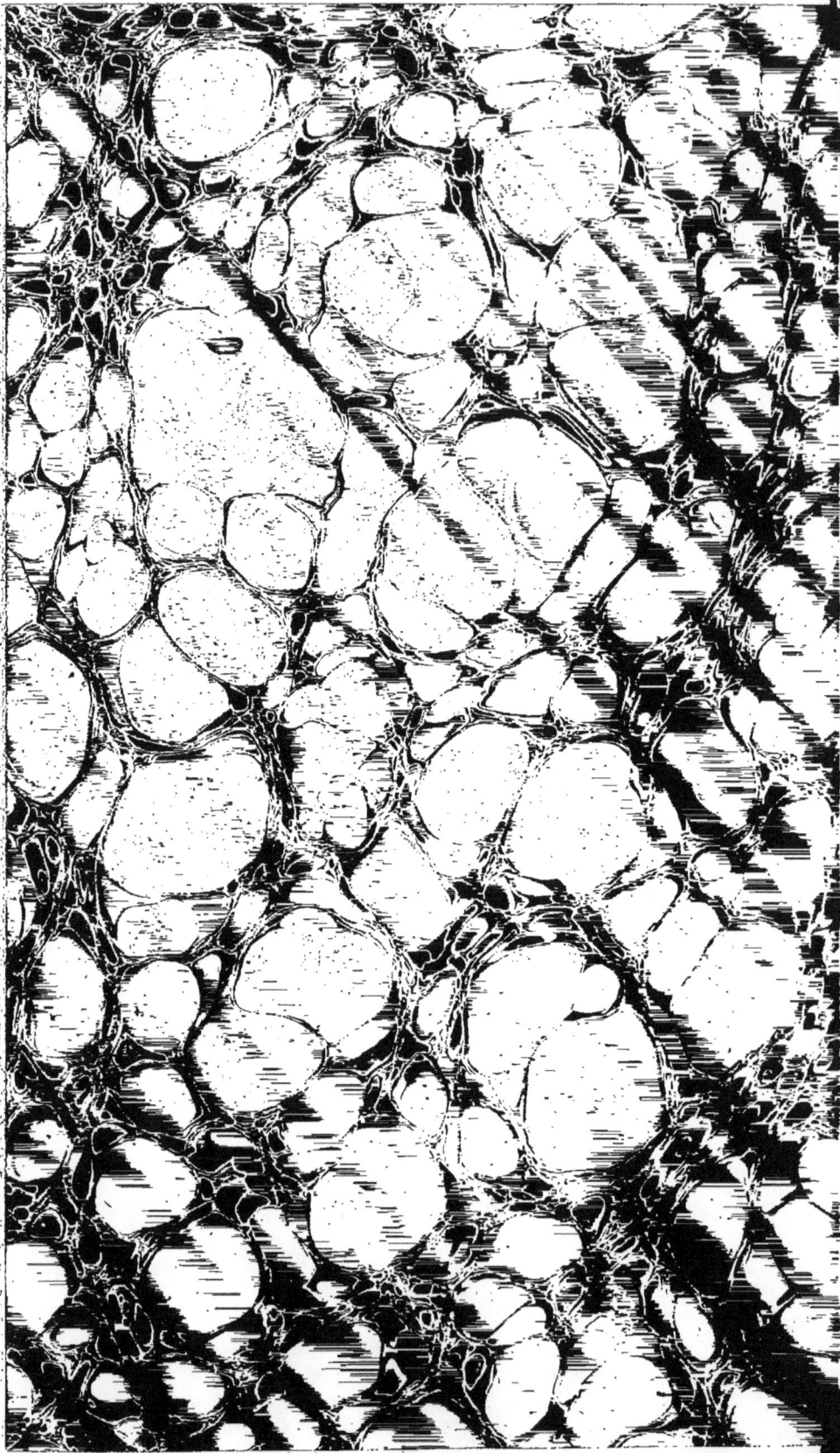

* 9 7 8 2 0 1 9 5 6 3 5 3 0 *